YOU YISI DE KEPU ZHI LÜ

有意思的科普之旅

漫游宇宙

[意]翁贝托·古意多尼 / 著 [意]安德里亚·瓦伦特 / 绘

黄鑫 / 译

SJ 北京时代华文书局

图书在版编目（CIP）数据

有意思的科普之旅.漫游宇宙 /（意）翁贝托·古意多尼著；（意）安德里亚·瓦伦特绘；黄鑫译.－北京：北京时代华文书局，2021.9
ISBN 978-7-5699-4262-0

Ⅰ.①有… Ⅱ.①翁…②安…③黄… Ⅲ.①科学知识－少儿读物②宇宙－少儿读物 Ⅳ.① Z228.1 ② P159-49

中国版本图书馆 CIP 数据核字 (2021) 第 145705 号

北京市版权局著作权合同登记号 图字：01-2019-2674 号

有意思的科普之旅 漫游宇宙
YOU YISI DE KEPU ZHI LÜ MANYOU YUZHOU

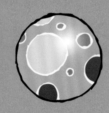

著　者 |[意]翁贝托·古意多尼
绘　者 |[意]安德里亚·瓦伦特
译　者 | 黄鑫

出版人 | 陈涛
策划编辑 | 许日春
责任编辑 | 沙嘉蕊
责任校对 | 凤宝莲
装帧设计 | 孙丽莉　段文辉
责任印制 | 訾敬

出版发行 | 北京时代华文书局 http://www.bjsdsj.com.cn
　　　　　北京市东城区安定门外大街 138 号皇城国际大厦 A 座 8 楼
　　　　　邮编：100011　电话：010 - 64267955　64267677
印　刷 | 北京盛通印刷股份有限公司　010 - 52249888
　　　　（如发现印装质量问题，请与印刷厂联系调换）

开　本 | 889mm×1194mm　1/16　印　张 | 7.75　字　数 | 150 千字
版　次 | 2022 年 3 月第 1 版　　印　次 | 2022 年 3 月第 1 次印刷
书　号 | ISBN 978-7-5699-4262-0
定　价 | 58.00 元

Original title: Così extra, così terrestre
Texts by Andrea Valente and Umberto Guidoni
Illustrations by Andrea Valente
Graphic design by Studio Link (www.studio-link.it)
The Work is published in agreement with Caminito S.a.s. Literary Agency
Copyright © 2013 Editoriale Scienza S.r.l., Firenze-Trieste
www.editorialescienza.it
www.giunti.it
简体中文版由牛牛文化有限公司授权出版。

Photo credits:
CORBIS pp. 15, 115; 24a © NASA/handout/ZUMA; 33 © Bill Stormont; 49, 59, 77 ©
Bettmann; 69 © Hulton-Deutsch Collection; 76-77 © Hero; 92 © Antoine Gyori/Sygma;
99 © The Mariners' Museum. ESA copertina d, p. 18 © J. Huart; pp. 28, 34, 58-59, 66
© NASA/ESA; 68-69, 74-75 © ESA/Hubble & NASA; 80 © ESA/Justyn R. Maund
(University of Cambridge); 86 © NASA/JPL-Caltech/ESA/Italian Space Agency/ University
of Rome/ Smithsonian. FOTOLIA pp. 14 © emmeci74; 22 © magann; 24b © Aivolie; 36a
© onoky; 36b © bastien poux; 44a © PavelSh; 44b © Eric Isselée; 44-45 © JonW; 58a ©
José16; 58b © Gorilla; 72b © Fotowerk; 82a © Pexi; 82b © kubais; 98-99 © storm; 104b
© Galyna Andrushko. GETTY IMAGES p. 92 © Chad Slattery. NASA copertina a, s e c;
quarta a; pp. 10-11, 12, 16, 18b, 26, 30, 46, 48b, 48-49, 49 b, 52, 56, 60, 62, 64, 70, 72-
73, 84, 88, 90, 94-95; 100, 102, 104-105, 109-110, 111, 112, 114a, 114-115, 116; 32-33 ©
Jacques Descloitres, MODIS Land Rapid Response Team; 19 © GRIN, 36-37; © Marco
Lorenzi, 40-41 © Neil Armstrong, 62-63 © planetary visions ltd; 108, 118-119 © JPL-
Caltech; 118a © Pratt&Whitney Rocketdyne; 120-121 © Bill Ingalls. SCIENCE PHOTO
LIBRARY / CONTRASTO pp. 38 © NASA; 82-83 © AJ photo; 90-91 © Samuel Ashfield;
95 © US LIBRARY OF CONGRESS; 96 © Ria Novosti; 110a © Pascal Goetgheluck.
UMBERTO GUIDONI quarta b. VEER pp. 24-25.

目录

2

天文小测验

你 确定这本书适合你吗？这个天文小测验可以告诉你答案。

如果你把所有的问题都答对了，那么毫无疑问，你可以开始阅读它啦，而且一定会乐在其中！如果有的题答错了，那就更应该把这本书好好读上几遍啦！别担心，你的快乐也会加倍哟！

1. 翁贝托是（　　）。

a) 库鲁库库星球的人

b) 第一位登上国际空间站的欧洲宇航员

c) 在月球上拥有一座可以看到地球的别墅的人

2. 翁贝托小时候收到的礼物中有（　　）。

a) 一头有三个驼峰的骆驼

b) 一辆没有轮子、车把、鞍座和踏板的自行车

c) 一架高级望远镜

3. 翁贝托在大学期间学习了（　　）。

a) 天体物理学

b) 从 1 到 6.9 的数字

c) 杏酱馅饼的配方

4. 翁贝托曾（　　）两次飞向太空。

a) 坐在圣诞老人的雪橇上

b) 搭乘载人航天飞机

c) 骑在信鸽上

5. ESA 的意思是（　　）。

a) 欧洲航天局

b) 一支足球队

c) 一种金星上喝的碳酸饮料

6. 欧洲航天局（ ）进行科学探索任务。

a) 在家里的壁炉前

b) 通过被送入太空的人造卫星

c) 为了证明 3 大于 2

7. 欧洲航天局的任务是（ ）。

a) 从太空观察地球

b) 设计客厅里的小桌子

c) 设计没有小桌子的客厅

8. 欧洲航天局还会（ ）。

a) 研究澳大利亚蚯蚓的长度

b) 出版探险漫画

c) 发射探测器，以便探测更遥远的行星

9. 安德里亚·瓦伦特（ ）。

a) 来自皮里皮奇星球

b) 为孩子们写故事

c) 在火星上拥有一座海景别墅

10. 安德里亚与翁贝托一起（ ）。

a) 曾在土星环上度假

b) 把面包、芥末和巧克力作为早餐

c) 已经写了两本书，再加上这本就一共是三本啦

11. 安德里亚曾（ ）在太空中遨游。

a) 骑在信鸽上

b) 在自己的想象中

c) 坐在圣诞老人的雪橇上

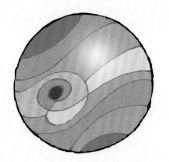

答案：1.b；2.c；3.a；4.b；5.a；6.b；7.a；8.c；9.b；10.c；11.b。

发射航天飞机

我们都系好安全带啦！

大家都准备好起飞了吗？

眼睛睁大，耳朵竖起，鼻尖翘起……

好吧，看来每个人都无比期待，兴奋异常！

机舱里至少装着三千克的好奇心呀！

我们可没时间浪费。

我们要把更多时间留着在大气层外转悠呢！

大家都上好厕所了吗？

系好安全带！

启动发动机！

3！2！1！

起飞啦！旅行愉快！

哈勃太空望远镜

仰望星空

哪怕只有那么一次，谁不曾幻想过用个纸筒就能发现些什么呢？其实除了形状像个望远镜外，它什么都不是。虽说它并不是一个真正的望远镜，人们真的觉得用纸围成筒状之后，确实就可以看得更清楚了。但是如果我们在圆筒的两端各放一个透镜：一端放凹透镜，另一端放凸透镜，那么情况就不一样了——把凹透镜端放到眼前看，会发现图像真的会被放大。

400 多年前，一些荷兰工匠第一次注意到了这点。之后，意大利人伽利略用改进过的镜头成功观测到了月球上的山脉与山谷，并且发现了木星四颗最大的卫星。

后来，对于透镜的开发与使用持续不断，相信大家已经司空见惯了。比如眼镜，也许你也正戴着一副呢！比如相机，即使是最普通的相机，镜头制作也相当精密。不仅如此，精密复杂的显微镜，使我们观察微观世界时，能看到众多的微生物。

不过，现代的大型望远镜已经不再使用小小的透镜了，而是采用直径达数米的巨大镜面（还是透镜工作原理），以便能够收集到来自宇宙深处几乎无法察觉的光线。这时，科学家们又碰到一个问题——大气层，它虽然是我们在地球上安稳生活的保障，但也成为我们观测远方的阻碍。于是，为了避开大气层的干扰，可发射到太空中的新一代望远镜诞生了。人类历史上的第一架太空望远镜是以发现宇宙膨胀的天文学家爱德文·鲍威尔·哈勃命名的：在 1990 年 4 月 24 日，哈勃太空望远镜升空，距今已有 30 多年了。哈勃太空望远镜成功拍摄到了距离我们大约 130 亿光年的遥远星系，它为我们展示了极其宏伟壮观的宇宙画面。

有件事是一定不会被放弃的：小马丁渴望在明年的圣诞节得到一架装备齐全的望远镜。幸运的是，露台已经有了，否则他还得让他们再建造一个露台。那之后，他就可以这样度过每一个天气晴朗的夜晚：从望远镜的这一头望过去，看看织女星，再瞧瞧猎户座，然后向大熊座和北极星致意，再去检查一下月球和它的那些陨石坑。这之后，如果还有时间的话，他就可以瞄准市中心的体育场，看看是不是能碰巧撞见一个体育明星或是赶上一场超级巨星的演唱会啦！

澳大利亚的帕克斯射电望远镜

▶对于天文学家来说，仅仅在露台上观察恒星和行星是远远不够的。他们所需要的天文台必须专门建造在远离城市灯光的地方，那里会有巨大的望远镜。

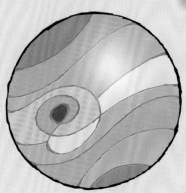

星际小问答：

伽利略是在哪年哪月哪日用他的望远镜在太空中发现了木星的卫星呢？

发射台上的"土星5号"运载火箭

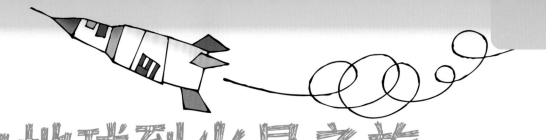

由地球到火星之旅

　　韦纳·冯·布劳恩是设计制造第一批太空飞行器的德国工程师。他小时候就开始在自家院子里组装使用液体推进剂的小型火箭。这种火箭把周围所有的鸽子和乌鸦都吓得缩成一团。长大后，他从机械工程专业和物理学专业毕业并从事相关工作。在第二次世界大战期间，正是他设计了投向伦敦的那些致命的 V-2 导弹。字母"V"来自德语 Vergeltungswaffe，是"复仇者"的意思。

　　战争结束后，冯·布劳恩逃到了美国，在那里他得以继续进行他的计划，就像科幻小说中曾提及的那样，也许还可以再更进一步：征服太空。

　　他就是著名的"阿波罗"计划的设计师。他设计了那枚巨大的"土星5号"运载火箭。正是这枚有史以来建造的最大火箭把宇航员带到了月球上。依照他最初的想法，原本是要去火星的，去月球算是一个过渡阶段，就像在高速公路的服务区稍稍休息了一下。

　　自那以后，太空飞行器技术逐渐取得巨大进展：从太空舱到宇宙飞船。并且近年来，国际空间站也正环绕地球运行。来自世界各地的宇航员在空间站中开展着各种有益于人类的实验：从医药到食品，从植物到体育，没有哪一个领域不从太空研究中获益。然而挑战依旧：我们的后代将在这条外太空的探索之路上继续前进。

新一代织女星运载火箭发射

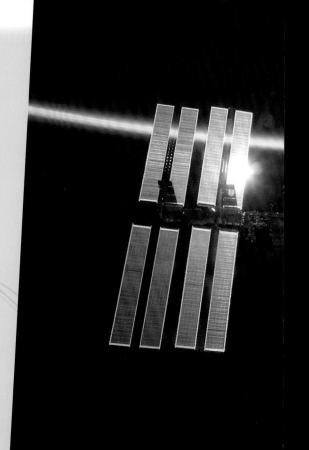

韦纳·冯·布劳恩在他的工作室

　　小马丁得找到一个进入太空的好理由，他已经有了一些考虑很久的主意：比如，他想在月球上打破跳远纪录，只要在赛道上轻轻点地就可轻盈飞跃；他想去试试是不是即便吃了很多，也依旧能在餐桌旁保持身轻如燕；他想去亲眼看看太空里的向日葵会转向哪里；他还想计算一下土星环是不是比订婚戒指还贵……但最重要的是，小马丁想知道宇宙中是不是有什么东西既没在天上也没在地上呀。

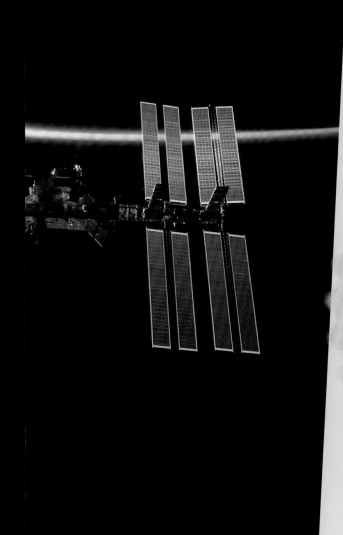

国际空间站

▶从佛罗里达的卡纳维拉尔角空军基地发射的第一枚导弹是在 V-2 导弹基础上做的改进。这次可不是为了摧毁城市，而是用于研究地球大气层和宇宙射线。这真是个伟大的进步！这枚火箭成功到达了 400 千米的高度，这在那个年代是非常令人振奋的——那可是在 1950 年 6 月呀。

星际小问答：

尤里·加加林于 1961 年 4 月 12 日成为首位进入外太空的地球人，那么这次太空飞行持续了多久呢？

凡尔纳未卜先知！

在 1865 年，法国小说家儒勒·凡尔纳依据其天马行空的想象写就的一部奇幻小说《从地球到月球》进入了大众的视野。小说中的三个人物，巴比凯恩、阿尔当和尼科尔，踏上了向遥远的美国佛罗里达进发的旅程。不知道为什么，凡尔纳偏偏选择了佛罗里达，而不是帕维亚波河流域。与今天不同的是，那个时候的美国还很落后，世界的中心在欧洲。佛罗里达只不过是一个遥远的、充满了异国情调的地方。说不定这正是凡尔纳选择它的原因呢！另外，从发音的角度来说，也许佛罗里达比马萨诸塞更容易读。故事中，这三个人登上了一个巨大的、栓剂形状的、被称为"飞弹"的金属飞行器，从插图上看，确实就像个大栓剂。它是如此之大，以至于人们可以毫不费劲地进入这个装置。

飞弹被插入一门巨型大炮中，越过云层，穿过大气，射向太空。

在《从地球到月球》的续集《环绕月球》中，这三个人先是绕着地球转了几圈，然后调整方向，直奔月球。他们在失重的状态下度过了几天轻飘飘的旅程，直到他们认出了舷窗外的月球：他们成功地观测到了月球的所有特征，就在他们准备冲入太平洋的波涛中，乘上事先安排好的接他们的小船重返地球前不久。凡尔纳的超凡想象力真是无人能及啊！要知道在他生活的那个年代，甚至连白炽灯都没有呢，晚上还得点蜡烛或煤油灯；大街上也没有汽车，只有马和马车；那时更没有电影或电视。

那是一个与我们现在截然不同的世界，他在那个时候就能想出乘坐"飞弹"去月球旅行的故事，真是令人钦佩不已。

相对于 1865 年，1969 年距离我们更近些。这年也有三个人，宇航员阿姆斯特朗、奥尔德林和柯林斯，他们从那遥远的地方——美国佛罗里达州出发！他们登上了一艘飞向太空的太空船——"阿波罗 11 号"，它被安装在"土星 5 号"——史上最大火箭的顶部。"土星 5 号"高 110 米，相当于一座 40 层楼高的建筑，之后再也没造过这么大的火箭。火箭冲破云层，被发射到大气层外的太空中。

这三个人绕着地球转了几圈，从容地调整好直奔月球的方向。他们在失重的状态下飞行了几天后，最后终于成功登月。他们在月球上散了散步，拍了几张照片，然后登上"阿波罗11号"，潜进太平洋的波浪间，回到地球母亲的怀抱。在那儿有来接他们的"小船"——实际上，并不是这样的，那是直升机。甭管怎么说，凡尔纳总算是弄错了一次！ *

那么，有个问题就自然而然地冒出来了：凡尔纳是怎么在人类登月100年前就知道这一切的呢？其实，他并不知道，但是在仔细地考虑了每个细节之后，他几乎把所有的事情都猜中了。选择佛罗里达可能只是偶然的，而其他内容可就不是了。有位读过凡尔纳小说的科学家说："我几乎就要按照他书中所写的去做试验了！"那些拥有超凡创造力和想象力的科幻小说家在他们书房里的烛光下的冥思苦想，其实就和我们发明电灯、发动机、计算机一样——虽然花了很多时间，费了很大力气，但最终我们都做到了。

* 在凡尔纳 1869 年发表的科幻小说《环绕月球》中，三位主人公最终被军舰派出的小船救起。

生命的水，健康的水

　　众所周知，去太空遨游可不像喝杯水那么简单，而且在太空中，喝水也是不能掉以轻心的。事实上，常常有微生物和细菌隐藏在水中，它们是那么微小，谁知道它们是不是正在水里逍遥地游着泳呢！但可以肯定的是，被污染的水很容易识别，也许还能闻到臭味。虽然喷泉的水看上去通常是清澈透明的，但并不一定意味着它是可饮用的净水。

　　如果在地球上肚子疼了，虽然很不舒服，但还是可以忍受的。但在执行太空任务的过程中，如果肚子疼了，那就可能会变得非常尴尬了。如果情况更严重了的话，我们都知道那将会是怎样一种景象。

　　因此，供宇航员们喝的饮用水需要绝对保证质量和洁净度，并且必须在整个太空任务过程中始终如一地保持这种品质。一种基于活性炭的过滤器被研制出来以便保证水的可饮用性。这种活性炭含有带电的银离子，而这些银离子能够非常神奇地中和掉污染物。此外，这些过滤器不仅能清除渗入水中的细菌，而且还能阻止其他细菌取代它们的位置。现在，这种非常有效而又不太复杂的净水解决方案，也可以进入我们的家庭。

小马丁知道，历史上最具太空感的发明之一是塑料吸管。对的，就是那种餐厅里常见的最简单的吸管呀！那是因为在太空中你可别指望能打开水龙头去接满一杯水。水滴会飘得到处都是！于是，每当打开一听易拉罐或一瓶饮料时，那个用塑料小吸管吸饮料的简单动作都会让你觉得好像自己是最具宇航员气质的宇航员啦，并且会很开心地举杯祝福大家健康。

▶科学证明，当你口渴的时候，附近从来找不到可饮用喷水池。但每次你碰到可饮用喷水池的时候，即使不渴，你也会立刻觉得口渴了，这也是个事实。

星际小问答：

地球上的一滴水是水滴形的，然而，在太空中的一滴水会是什么形状呢？

工作中的宇航员

无线奔月

当"阿波罗"计划的宇航员最终升空征服月球时，是一定要给妈妈寄张明信片的。当然啦，要带回地球的纪念品中还得有可以满足全世界地质学家好奇心的岩石和月壤样品。

为此，太空舱的外壳上安装了一个装置齐备的钻机——带有旋转头和相匹配的精致钻头。然而，一个不易解决的难题立刻就展现在眼前：在月球上，哪里能找到插座呢？

经过多次调研探讨之后，科学家们提出了两个解决方案：一是，从卡纳维拉尔角牵上一根直接抵达月球静海的 38 万千米长的电缆；二是，研制一种足够强大、耐用，并且体积一定要足够小、重量一定要足够轻的电池，以便我们的太空英雄们能够毫无顾虑地工作，最重要的是，没有被太空中的电缆绊倒的危险。

显然，电池的方案被选中了，这也令所有地球上的工具制造商们很开心。从奶奶的电动吸尘器到阿姨的电动搅拌机，从妈妈的电动烤肉刀到爸爸的电动螺丝刀和电动剃须刀，毫无疑问，这些都可以做成无线的。幸运的是，"阿波罗"飞船上根本没有可以携带吸尘器的地方，否则阿姆斯特朗和奥尔德林在返回地球之前，也不得不做个大扫除啦。

在发明电能之前，所有的工具其实都是无线的

无线太空钻机

当小马丁把那些他知道的有关太空、恒星、飞船、天文学家和宇航员的故事讲给他的朋友们听时，他的思绪常常像火箭升空一样任意飞翔，而他的话仿佛是迷失在星系中的恒星和行星。他可以一聊就聊上好几个小时，根本不需要电池，更不需要充电。而说到故事线，你要知道，如果讲故事没有条理的话，那可就完了。

火星

瑞士

月球

星际小问答：

早在 1891 年，卡尔·艾尔塞纳先生制造的第一把瑞士军刀——严格意义上说也是无线的——有多少功能呢？

天空实验室——美国国家航空航天局（NASA）第一个载人轨道空间站

禁止吸烟！

美国的第一个空间站被称为"天空实验室"，它是在 20 世纪 70 年代被发射送入太空轨道的。

工程师们认为在空间站里应该安装一个火灾自动报警系统——尽管还不清楚消防员们应该怎么灭火，也不知道救火飞船是否应该像地球上的消防栓一样漆成红色的。但防患于未然总是个绝妙的好主意：在刚刚有着火的信号时，或者在更早的时候就能将火灾隐患消灭掉，那就可以像对付生日蛋糕上的蜡烛一样，吹口气，就把它扑灭啦！

这就涉及要研究一种可以发现那些既令人不快又不易察觉的有毒有害气体的系统了。

这里郑重介绍一下镅－241，它可不是宇航员们遇到的第一个外星人的名字，而是一种放射性元素，它对烟雾或气体的出现有着敏锐的"嗅觉"并及时发送信号。这个系统比较简单：当构成纯净空气的氮和氧粒子通过探测器时，我们的好朋友镅－241 就将它们电离，从而产生电流。当其他的气体或粒子渗入探测器时，电流将被切断而立即触发警报。正因为如此简单，现在没有哪个酒店房间、哪个办公室、哪个储藏室或哪个餐厅不采用这个系统的。

古意多叔叔有一个烟雾探测系统，而且几乎总是绝对准确的。它叫鼻子。他的鼻子真是令人难以置信，不清楚那个像大土豆似的鼻子是不是也是由某位工程师设计的。我们来举几个例子吧！如果有人在酒吧点了一支烟，仅一秒钟后他就会注意到，并且提出抗议；如果吉安娜婶婶准备了烤肉做晚餐，他会立刻闻到香味，并且第一个坐在饭桌前；如果有人烤了一片面包，只要闻上两下，古意多叔叔甚至可以告诉你那上面涂了哪种果酱。

从太空观测埃特纳火山的爆发

▶在孩子们长大后想成为宇航员之前，他们的愿望是成为消防员。要是仔细想想就会发现：这两者的制服好像差别不大嘛！

星际小问答：

镅-241 是超铀元素。这是说它比铀重？还是说它来自天王星？

炽热太阳的图片

耳朵今天有点儿热

恒星上到底有多热呢?

据我看，任何人要想花时间花心思带着一个大大的水银温度计去太空实地准确测量温度都是天方夜谭。如果想到达离我们最近的恒星——太阳，即便乘坐目前我们所拥有的最快的火箭，也可能需要 4 年半的时间。

于是，1991 年，NASA 发明了一种新式红外温度计，让我们可以在地球上安稳地喝着饮料或吃着三明治就能监测太阳上面的温度啦！

多亏了这项全新的技术，让我们知道了在 Sirio（意大利第一颗通信卫星）上有 9667 摄氏度：这对我来说确实太热了。半人马座阿尔法星上稍微凉快一点儿——略高于 5000 摄氏度。

除了对恒星的研究与探索之外，医疗技术的发展也要感谢太空技术的运用。目前，对于像人体这样的"小天体"的温度，我们也已经开始使用同样的红外温度计来测量了。只需要简单地测量一下额头或耳道内的温度就好了，至于是左耳还是右耳那就无所谓了。

事实上，耳膜是不受外界温度影响的，因为它在体内足够深的地方，所以通过测量耳膜，我们就可以知道体温了。

一般来讲，如果体温不高于 37 摄氏度，那就是一切正常；而如果体温高于这个温度，那我们可能就是发烧了。如果到了 100 摄氏度，我们就"沸腾"了；如果超过 5000 摄氏度，我们就是恒星啦！

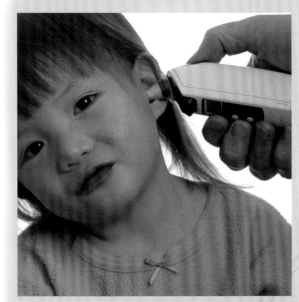

有一天，小马丁病得很重，他发高烧都 40 多摄氏度啦！躺在床上的他，头上顶着一个冰袋，身上盖着四条毯子，吉安娜婶婶每隔五分钟就来量一次他的体温。高烧弄得小马丁似乎看见了很多奇怪的东西在房间里乱飞：苍蝇啦、蚊子啦、恒星啦、彗星啦、卫星啦，还有大大小小的行星啦。好几天之后，他才恢复了健康，但他再也看不到那些星星了，即使是用望远镜也做不到了。

▶在过去，医生要查看病人的发烧程度时，只需要将一只手放在病人的额头上就足够了。也许这并不是非常精确，但总是挺管用！

明亮的半人马座阿尔法星系

星际小问答：

如果我们像美国人那样使用华氏度的话，那么把37摄氏度换算成华氏度会是多少呢？

34

宇航员们在失重状态下睡觉

记忆功能设备

在太空里，宇航员们可以随时随地睡觉，根本不需要一张床或一个床垫。对我来说，去太空睡觉几乎是不可能的：好不容易有机会进入太空了，你会干什么？你是去睡大觉的吗？不过，当然啦，睡意来袭，而且确实没有什么事情可做的时候，你也得睡上一觉。但在执行太空任务的时候，考虑到所担负的那些重大责任，还是要比以往任何时候都更加清醒才好啊。而要想保持清醒，唯一的办法就是保证充足的睡眠。睡觉没有床也是挺奇怪的一件事，但如果你仔细想想就会发现，那又有什么关系呢？在太空里，又不会从床上掉下来。

虽说如此，但为了避免在睡梦中飞来飞去或者撞到什么东西，宇航员们还是会滑进睡袋，像根意大利香肠似的挂在墙上。

尽管如此，在地球上，为了改善我们的睡眠质量，部分床垫还是运用了太空技术。这又是怎么回事呢？

事情是这样的，为了减弱每次登月或返航着陆时与地表的粗暴撞击，工程师们开发了一种含有聚氨酯–硅的塑性物质，这种物质具有可以完美地适应每一种物体的鲜明特性，而不是等着其他物体弯曲或折断来适应它。这种新塑料甚至能记住它的新形状。也许是因为最初有位工程师的脚有些小毛病，于是用这种记忆海绵定制的鞋垫就特别有用啦。还有契合脖颈的枕头，看上去也很漂亮，特别适合那些需要长期卧床的人。

同其他新材料一样，这种新材料也被迅速开发出各种各样的新用途。今天，我们发现甚至在"F1"（一级方程式赛车世界锦标赛）赛车的座椅上也能找到记忆海绵。从外形上看，赛车手和宇航员还真是有点儿像呢，你不这样认为吗？

"F1"赛车的座椅

在下一次太空旅行时，小马丁一定会带上个枕头。虽然他知道这可能是多余的，因为在轨道上，虽然眼皮会垂下来，可脑袋不会。然而，现在这个习惯几乎已经成为一个传统。小马丁知道，要是没有枕头，他将难以入睡。所以，如果他的头不能枕在枕头上，那就把枕头绑在他的头下面吧。好像看起来是一回事儿嘛，但又似乎不完全一样吧……

"阿波罗11号"的减震支架

▶ 那种老式的摇椅从来调整不好自己的重心位置，也许正因为如此，它才能摇个不停吧。

星际小问答：

为了不打扰共同执行太空任务的其他同伴休息，防止宇航员睡觉时打鼾的太空方法是什么呢？

工作中的 NASA 工程师

笑吧！

　　在发射到太空去的形形色色的航天器上，到处都有这样那样既让人着迷，又让人摸不着头脑的三角支架、螺栓、天线、传感器等。但幸好总是有人了解每一个阀门、每一根电线，以及每一台设备的名称和功能。在大多数情况下，这个人服务于某个太空机构，甚至很有可能其中某些结构复杂的设备就是由他设计的。

　　在这儿，你想象一下，如果外太空中的红外天线以某种方式受损了，他会怎么办呀？如果他能决定的话，他一定会跳上下一枚火箭，跑去把它修理好，但事情并不是这样进行的。

　　最好替我们的朋友好好研究一下，也许能冥思苦想出某种像 APT（半透明多晶氧化铝）这样的东西。

　　这种化合物，听上去就比较深奥。这是一种像陶瓷似的保护物质，不仅非常耐用，而且又是完全透明的——否则就会给红外线带来麻烦了。

　　你一定想象不到，APT 刚出现的时候，它在各个地方都迎来了热烈的掌声和喜悦的笑容，特别是那些戴着钢牙套的人。

　　这是因为他们有了这个想法：为什么不用半透明多晶氧化铝做隐形的新式牙套呢？他们说这话的时候，真是干脆利落，毫不迟疑！

　　这个想法很棒，笑容可以证明，今天那些新式牙套真的就是那样的。

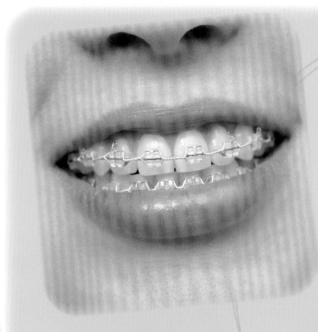

老马丁——就是小马丁的爷爷总是笑呵呵的。因为他知道微笑要牵扯的面部肌肉很少，所以不太费力。年轻的时候，他想成为一名宇航员。那时他笑，是因为梦想令他心情很好。今天他笑，是因为他的孙子想飞向太空。有梦想总是美好的，即便是别人的。入夜，老马丁会把他的假牙浸在屉柜上的杯子里，让它自行安顿，而他则沉浸在美梦之中继续微笑。

▶ 在西方的万圣节这一天，总会有人戴着牙套装扮成吸血鬼的样子来讨要糖果。

HALLOWEEN PARTY

TRICK or TREAT

YOU ARE INVITED
OCTOBER, 31ˢᵗ
SUNDAY 7 P.M.
EAT, DRINK AND BE SCARY
YOUR PARTY ADDRESS

微笑

星际小问答：

在太空中，人们也会像在地球上一样用牙刷来刷牙，但是，刷完牙之后的那些漱口水都去哪儿了呢？

42

著名的登月第一步的足迹

是谁为宇航员们做的鞋呢？

1969 年 7 月 21 日，当宇航员尼尔·阿姆斯特朗第一次踏上月球时，他在收音机里说的那句话已成为历史上最经典的名句之一："这是我个人的一小步，却是人类的一大步。"

这真有点像在奥运会上赢得跳远比赛的运动员说的！

他那时在太空中当然无法预见到，他的话、月球和奥运会将会交织在一起，并真的成为现实：事实上，新式的运动鞋正是运用了和太空靴相同的制造技术。

在为"阿波罗"计划而设计的太空靴里面，安装了一个弹簧，这可以使宇航员的步伐更加平稳柔和，并且有利于透气。这个绝妙的想法没过多久就应用到生活中了。聪明绝顶的运动鞋制造公司借用了这个奇妙的创新，制造出了能够减震的鞋子。

比方说，一种已经获得了专利的聚氨酯发泡鞋底，它可以吸收走路或跑步时作用在脚上的力。又如，在运动鞋的鞋底加入弹簧式减震器。

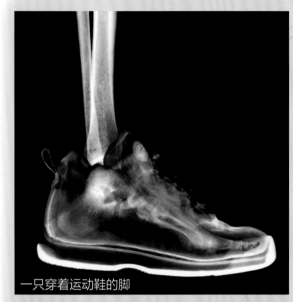
一只穿着运动鞋的脚

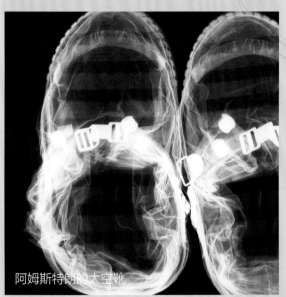
阿姆斯特朗的太空靴

虽然小马丁还不知道他什么时候才能进入太空，但是为了不要到时候毫无准备地手忙脚乱，他总是时刻准备好一个小手提箱，里面放了：一把牙刷、几条换洗的内裤、一本书、一个笔记本和一架照相机。甚至，他准备好了两套不同的行李：其中一个里面放了双新鞋子，这是准备去金星或火星这种像地球一样有岩石土壤的星球的；而另一个里面没有放鞋子，那是准备去木星或土星旅行用的，因为这些星球是由气体组成的，根本没有地板呢！

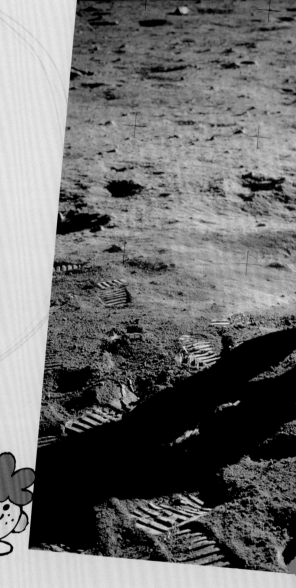

宇航员巴兹·奥尔德林
在月球表面行走

宇航员阿姆斯特朗

星际小问答：

阿姆斯特朗是第一个登上月球的人，他的鞋是多大码的呢？

羽毛和锤子

如果有一天你真的能去月球，你会做什么呢？一定要好好想想，早早做准备呀！

可以肯定的是，NASA 为"阿波罗计划"挑选并训练的宇航员们想过了，他们之中的 12 位真的有机会进入太空。

如果说以前的探险有较大的局限性，比如 1492 年在美洲大陆海岸的克里斯托弗·哥伦布，或者 1953 年在珠穆朗玛峰顶的埃德蒙·希拉里和丹增·诺盖，但在之后的探索任务中，则有机会去完成一些有趣的实验。

"阿波罗 12 号"在返回时发现：在两年前发射的带有探测器 3 号的卫星上，有被夹带在设备垫圈中的细菌。链球菌能够在月球环境中一直存活下来！

当时，那只是个偶然的意外发现，但在"阿波罗 14 号"执行任务时，科学家就开始对此认真对待了。飞行员斯图亚特·鲁斯首先有了一个绝妙的主意：他在装备包里，放了一把植物的种子——红杉、松树、埃及榕，以及许多其他植物的种子。当然，他可没想把这些种子撒在那里去建一个植物园。他只是出于好奇，很想知道这些种子在返回地球后会发生哪些变化。回来后，这些种子被种植在各地，已然变成了超级明星。

为了方便大家能找到它们，NASA 甚至还制作了一张"月球树定位地图"呢！

在这次"阿波罗 14 号"太空任务中，还进行了地震实验、挥发性气体研究、激光反射实验、太阳风和地球磁场的观测，但是所有这些复杂而有趣的严肃科学研究，都不如种子实验那么令人心驰神往。

不过呢，一个真正脍炙人口的实验，是由飞船的指挥官艾伦·谢帕德完成的。有一次，他从口袋里掏出两个高尔夫球，还有一根金属球棒。于是，他就理所当然地成为月球上的第一位高尔夫冠军啦！

　　"阿波罗15号"飞船的指挥官大卫·斯科特穿越回400年前的时光里。他把自己放在摄像机的镜头前，右手抓着一把锤子，左手捏着一根羽毛……3.2.1，同时松手放开两个物体，在没有空气摩擦的情况下，两个物体同时落在了月球表面，连回看录像都无法确定到底是哪个胜出！

　　这仅仅是为了给伽利略——自由落体实验鼻祖一个满意的答案罢了。早在16世纪末，他就已经意识到在没有空气的环境中，物体下落的速度并不取决于它的重量。

　　斯科特本人可能对意大利有着非常浓厚的热情。他是第一个，也是目前唯一一个在月球上说意大利语的宇航员：当在石头中挖掘出来一块特别美丽明亮的岩石的时候，他会惊呼"Mamma mia!"（"妈妈咪呀！"）

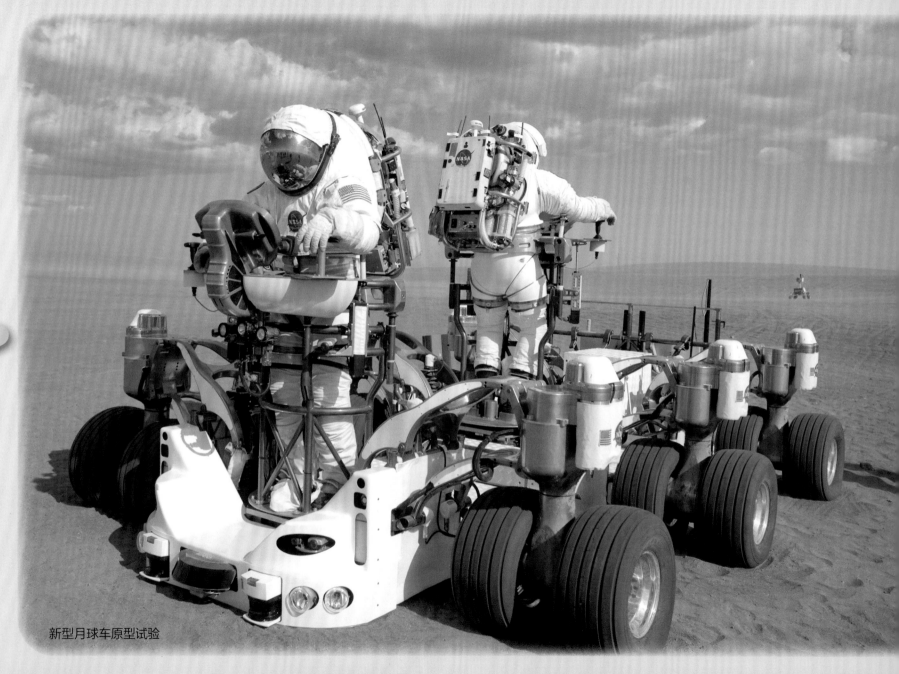

48

新型月球车原型试验

生活像车轮

只要去骑一趟自行车，在沥青路上、在泥土路上、在草地上、在沙滩上，在任何你想去的地方骑上一会儿，你就会发现：每当你变换路面的时候，骑车的感觉都会改变，甚至变化还挺大。你当然不能指望像爸爸在雪地里把汽车轮胎装上防滑链那样每次更换轮胎，这就是新型汽车轮胎必须能随时应对雨天、晴天或乡村、城市的原因。那么在月亮上呢？

只要能在月球表面蹬自行车，就是给我一辆那种木头或金属轮子的原始自行车，我也会欣然接受。而月球车轮胎的科技内涵其实是来自火星！

事实上，在 20 世纪 70 年代初，为了让"海盗号"探测器能够在毫发无伤的情况下接触到红色星球的表面，人们研制出来一种虽然柔韧，但比钢更耐磨的材料。用这种材料制作成可以减缓探测器的下降速度的降落伞绳。而将这种新型纤维交叉排列在橡胶中，制造出来的卡车、汽车、飞机和自行车的轮胎不仅可以大大延长其使用寿命，而且也可适用于任何路面。此外，轻巧光滑的胎面还降低了油耗：省油的同时，又能减少污染。

现在，子午线轮胎被安装在世界各地出产的汽车上。但是找停车位则变得比以前更加困难了，那你想为此做些什么呀？

也许有一天小马丁会骑自行车去月球。重要的是千万不要着急，就那样蹬呀，蹬呀，蹬呀，蹬上四年，或者更长，一刻不停，甚至都不去撒个尿。也许他甚至可以用热空气给轮胎充气，就像热气球一样。而更有可能的是他最终会乘坐一艘传统的宇宙飞船飞到那里。但他还是会带上一辆自行车，因为他曾在书中读到：在太空里，你必须通过做很多运动来保持肌肉强壮，也许自行车是最合适的装备了。

▶ 远在 1888 年，苏格兰人约翰·博伊德·邓洛普就发明了充气轮胎。但他当时想的可不是汽车或月球车的轮胎，而是他儿子的三轮车，那金属轮子总是不停地在地板上留下恼人的磨痕！

星际小问答：

为什么汽车轮胎基本上都是黑色的呢？

可帮助宇航员抵御太阳光线与辐射的金色面罩

猫爪的考验

如果鼻梁上架了副眼镜，还能不能当宇航员呀？当然可以呀，那可是在太空中，就算眼镜掉下来了，也不会掉到地上摔成碎片。

生活中镜片会摔碎，但是并不容易留下划痕，因为那是玻璃做的，你知道的，玻璃是很硬的。太阳镜就不一样了，因为深色镜片几乎都是塑料做的：更轻巧、更结实、更便宜，而且吸收紫外线的能力很强！

好吧，如果可以让我许一个愿的话，我想要一副拥有所有这些完美特征的眼镜——可滤光的、经济的、耐用的、轻巧的，而且不容易留下划痕。

一定是 NASA 的某个人真的提出了这样的要求。科学家们已经为宇航员的头盔护目镜开发出了比普通塑料镜片更耐磨 10 倍的抗刮擦材料，而且还同时保持了普通塑料镜片的所有特性。

很快，眼镜公司就把这项太空技术发扬光大了。不用说那些摩托车手和滑雪者有多么开心，要是没有保护镜的话，他们就会撞到树上啦。虽说现在的眼镜已经能够经得起猫爪去抓了，但是为了避免一切风险，甭管什么虎斑猫、暹罗猫、波斯猫……所有的猫，无论它们戴不戴眼镜，都不能成为宇航员！

吉安娜婶婶说，她退休以后，想去当一名宇航员。她还说，实现梦想永远不晚。当然啦，也没人敢说她说得不对。现在，她正在为将来能在太空中拍各种留念照片而收集眼镜：有一副镜片是星星形状的，不用问就知道这是为什么；有一副镜片是满月形状的，就是那种又大又圆的，只要看起来又大又圆就够了；还有一副镜片是爱心形状的，谁知道她会不会真的有勇气戴上。如果看到她戴上这副眼镜，人们一定会误认为她是一位恋爱中的火星人！

▶ 第一个三维成像系统在 1852 年获得了专利，被称为立体成像器，这个词也很酷吧！大约一个世纪后，那种非常迷人的小墨镜出现了。

星际小问答：

戴眼镜的人可以成为宇航员吗？

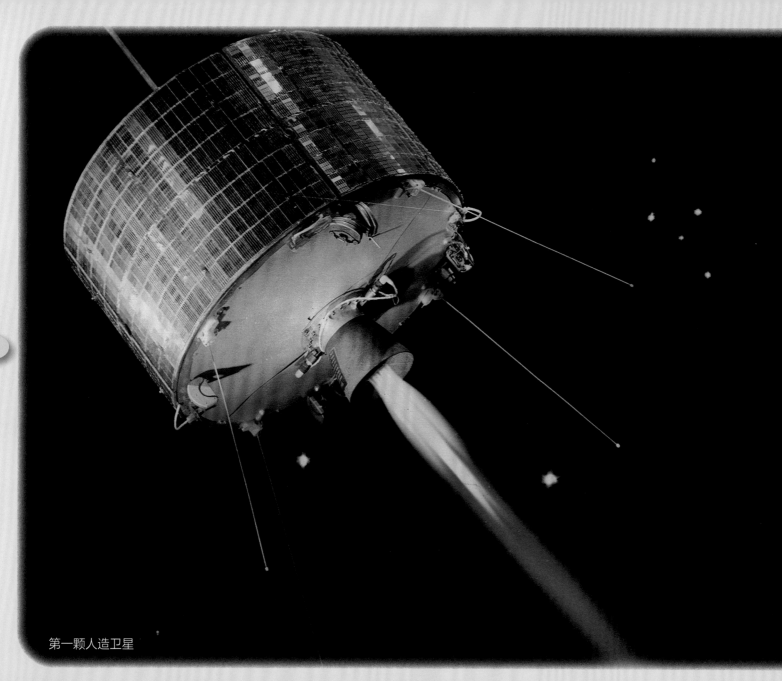

第一颗人造卫星

你会给我打电话吗？

　　环游世界的好处就是，当你去某地的时候，你总是可以打电话告诉这里的人们，我此刻在那里而不是在这里。即使是最著名的外星人——可爱的 E.T.，它也毫不隐瞒自己有给家里打个电话的念头。今天，这件事因为电话的普及而变得极为简单！但在几十年前，可根本不是这样。要想从一部电话接通到另一部电话，需要有一根电缆。如果你的朋友就住在两条街之外，这可能不是个问题。但如果他住在另一个城市，那就可能有点儿远了。这就必须依靠一个总机，而且还要小心翼翼地找到那个正确的接口。这样的通话是跨城市的长途电话，费用也很高。当然，要是能跟朋友说上两句，再高的费用也值得啦。

　　但是，如果你的朋友远在另一块大陆的话，电话费就更加昂贵了。那可是洲际长途电话：声音在延绵数千公里的粗大电缆里穿梭，这些电缆穿过各大洋底，直至巴西、加拿大，或其他地方的海岸。

　　幸运的是，终于在某个时刻，有人想到了使用人造卫星。本来被发射升空去探索太空的人造卫星，也开始用于无线电通信。从罗马到纽约、从东京到巴黎、从柏林到悉尼，我们的通话畅通无阻。就这样，多亏了这项太空技术，今天我们每个人都可以有那么一位远方的朋友，即使他住在最偏僻的地方也不怕，只是有一点要注意，那就是如果在罗马、纽约、东京、巴黎、柏林、悉尼各有一位朋友，那你的洲际长途电话费可是要贵上天啦！

第一批传送电话、无线电和电视信号的卫星之一

小马丁目前还没有住在国外的朋友。因此他想成为一名宇航员：他有很多时间可以为此做准备，而当他回来的时候，他想在每个地方都找个好朋友，带着他那明星魅力为他们献上月亮！另外，他还想着，一旦到了太空，他就给每一位朋友打个电话说声"嗨"。通过现代科技联络，连电话线也不需要了。但如果那时朋友们没接电话，可怎么办呢？好吧，小马丁早就知道，作为一名宇航员就是要去面对一些无法克服的难题……

从太空看到的欧洲夜景

▶ 在需要通过电话线打电话的年代，你总能在街角看到个一米见方的可爱小屋，雨天甚至可以在那里避雨，在那里你可以打电话回家，或是和世界的另一边通话。加上一点儿想象力，再加上鞋跟里的超音速发动机，你甚至可以幻想着进行了一次星际旅行。而这一切取决于你的口袋里有多少硬币……

电话亭

星际小问答：

那种镶嵌着黑色五边形的白色经典足球叫什么名字呀？

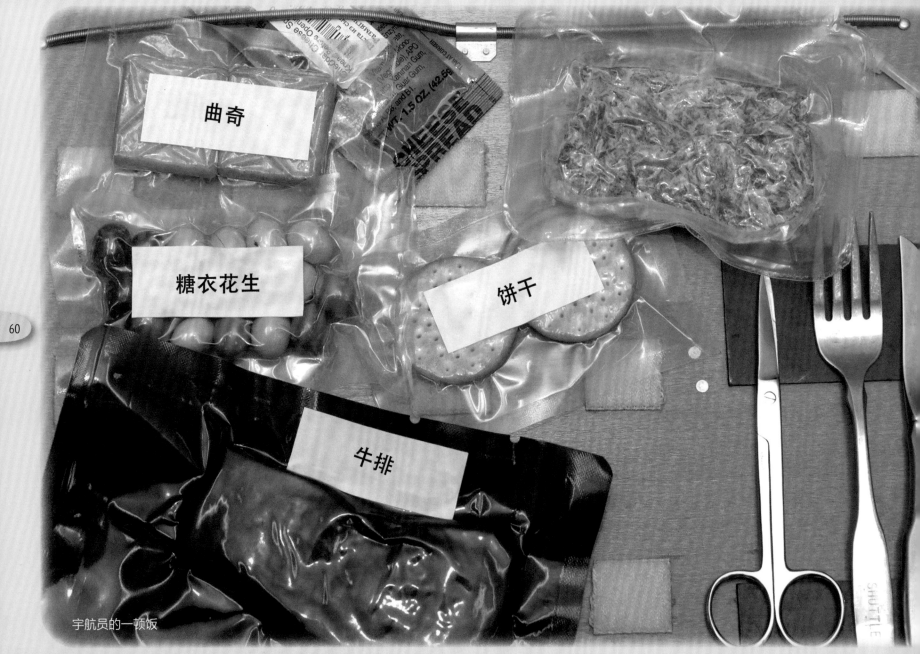

曲奇

糖衣花生

饼干

牛排

宇航员的一顿饭

饥肠辘辘

早期太空飞行时，宇航员们所带的食物是装在管子里的，无论是外观还是质地，都像是一筒牙膏。至于味道嘛，就从来没有人想聊那个话题。不过，那时的太空任务也就持续几天，并且一想到可以从太空俯瞰地球，大家也就能接受这美中不足了；而且一旦回到地面上，这反倒成了勾起美好回忆的奇妙之处了，每当刷牙时嘴角就会泛起微笑。

随着宇航员们在太空停留的时间不断延长——有时可能要在星空中待上整整一周，或者几个月，甚至一年多，对美食的需求就变得十分迫切了。但是如果带去的食物很重，不仅烹饪会消耗能源，而且保存食物也是个大问题。

于是，就出现了银河系的冻干理念：临近出发时的第一件事就是把食物烹饪得恰到好处，然后进行速冻，冻到刚好使内部产生结晶的大小。随后进入第二个阶段——升华：通过缓慢加热把食物内凝固成冰的水变为气体。最后，把食物装入塑料袋并抽空里面的空气，于是星际快餐就做好了：不仅食物的重量减轻了 80%，而且所占用的空间也很小。

更重要的是，它的营养价值几乎保持不变，这让所有那些极为关心这事的长辈们都倍感欣慰！

国际空间站上的空中快餐

长辈们总是非常关心晚辈们吃得怎么样，营养够不够。晚辈们刚出生的时候，就已经开始享用营养丰富的饭菜了，等他们长大后，成为宇航员，还是得吃这样的营养餐。

如今，可以有效保持食物营养价值的冻干技术也已经在地球上广泛使用。例如，速溶咖啡就使用了这个技术。想喝咖啡时，只需一冲即可，并且保质期更长。各种冻干食品也可以用来增加营养或提供热量。

想想吧，很多饮料其实都是将冻干粉末加入水中而成的。这也是一件很有太空感的事情，因为这与给执行任务的宇航员们解渴的饮料是一样的。冻干技术可以使那些需要扛着食物上山的登山者的背包减轻好几公斤。还有许多药物也可以方便地溶解在水中被服下，这样病人就不需要吞下药丸，或者使用那些可恶的栓剂。还有那些在紧急情况下食用的应急口粮，有时是需要用直升机投递到偏远地区的，而一般的食物在那里很难保存。还有那些包装好的熟食，对于有些没机会出门或没时间购物的老年人来说，在家开袋即食非常实用。

现在有很多现成的冻干食品，正是为那些老年人、病人或懒人准备的：只要加点儿水，饭就做好了，甚至都不需要刷锅洗碗。

早期装在管子里的太空食物

当古意多叔叔在太空中执行任务时，他最想念的当然是咖啡了，真想美美地在咖啡馆里喝上一杯。但在失重的情况下，这真的是个大麻烦：一是因为水滴会在空中飘浮，二是因为咖啡粉会到处飘散，三是没人会承担洗杯子的任务。幸好回到家的时候，吉安娜婶婶会用一杯香喷喷、热腾腾的黑咖啡欢迎他！要说，也许将来沿着银河系开设服务区是个不错的主意呢。

银河系

星际小问答：

宇航员用的餐具是用什么材料做的呢？

航天飞机的驾驶舱

体积小，容量大

　　20 世纪 60 年代的一台计算机有大衣柜那么大，里面塞满了各种各样的阀门和小玩意儿。并且因为机器会发热，所以需要在里面安装一个密集排布的水冷管网系统来降温。要想把这么多东西装进飞船里实在是无法想象的，这就像想要把一台冰箱放在鞋盒里一样！事实上，尤里·加加林就是在飞船上没有任何电脑的情况下，冒着很大风险完成了他的首次太空飞行。在太空探索初期，其他宇航员也都面临和他一样的情况——只有在航天基地的控制室里才能看到那些巨型计算机设备，而飞船里什么都没有。直到 1965 年，随着"双子星计划"和"阿波罗"计划的实施，一种小型电子设备才被研制出来：第一台太空计算机。那时它只有 16kB 的存储能力！如果发现它计算的数据与地面上的不一样的话，宇航员格里森和杨接到的指令是：不要管它。事实上它的计算结果确实不太理想：在降落时，计算机本应引导他们到达的正确地点——靠近等待他们的飞船——与实际地点的误差有将近 100 千米！

　　考虑到空间问题，需要最大化地缩小设备尺寸，存储卡、微芯片，以及各种新玩意的使用，加快了电子设备的小型化。我们可能根本没有意识到，今天在移动电话、电子日志、视频游戏和平板电脑等日常可见的事物里都能找到这些应用。

带微芯片的电子电路

小马丁的大拇指非常灵活，不仅可以在玩游戏时熟练摆弄操纵杆，而且擅长点击智能手机的各个按键。智能手机很智能，小马丁则更有智慧，而且他的大拇指绝对听他的。事实上，他可以两个大拇指双管齐下地在几秒钟内就打出很长一段文字，发送信息的速度更是惊人，尽管有时在点击"发送"之前最好还是再重读检查一遍。将来，当他成为一名宇航员时，训练有素的大拇指一定是非常有用的，至少可以竖起大拇指给航天基地发送个"一切OK"的信号呀！

休斯顿航天任务控制中心

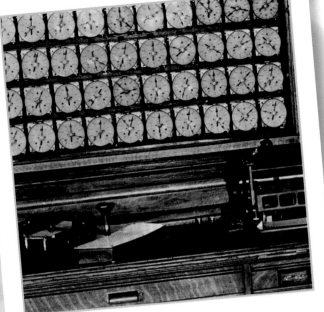

▶ 1884 年，工程师赫尔曼·霍勒瑞斯为他的机电式穿孔卡系统——制表机申请专利，这套系统大大简化了 1890 年美国人口普查的计算工作。可以说这是我们现在用的计算机的老祖宗啦。

星际小问答：

1965 年 3 月 23 日发射的"双子星 3 号"飞船上使用的计算机有多大？

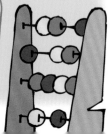

哈勃望远镜拍摄的太空

我肚子里有个银河系

哈勃望远镜凭借其大气之外的优越位置——距地面约 600 千米，每天将那些不可思议而又令人着迷的图像发送到地球。其实，它所拍摄的那些遥远恒星和星系的照片并不是传统意义上的摄影胶片，而是由一种叫作 CCD 的图像传感器收集的数字信号。CCD 的全称是电荷耦合器件。然后这些数字信号被读取并重新组合到计算机上，于是就有了这些今天我们可以在天文学书籍上欣赏到的奇妙非凡的宇宙之"窗"了。所有的数码相机都使用了 CCD，并且这项技术也在医院得到了广泛使用，比如乳腺癌筛查。这项航天技术替代了传统的 X 射线和 X 光照片，只需在监视器上，技术人员就可以即时分析、放大、调整和实时操作所生成的数字化图像。如今，许多医生都使用 CT（计算机断层扫描）或 MRI（磁共振成像）等诊断工具，及时发现了许多疑难疾病，帮助挽救了不计其数的生命。所有这些都得益于图像分析技术的深入发展——这项技术始于"阿波罗计划"，本是为了易于分辨宇航员们从月球发回来的照片。

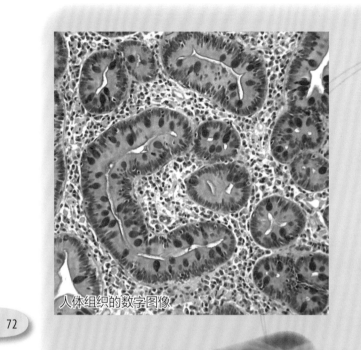

人体组织的数字图像

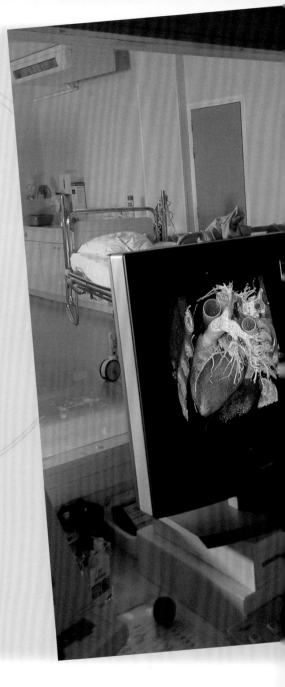

古意多叔叔不喜欢摆姿势拍照。每当说到要给他拍张照，哪怕是在一场婚礼上，他都宁愿去看牙医。反正那表情和看牙医时的表情差不多，看上去都是红着眼睛咧着嘴的假笑。直到有一天，牙医用了一个相当奇怪的仪器也给他拍了一张照：终于让他不得不咧着嘴大笑了。从那以后，每当需要拍照的时候，古意多叔叔都能微笑了，因为他心想：这可比在牙医那里拍照舒服多了。

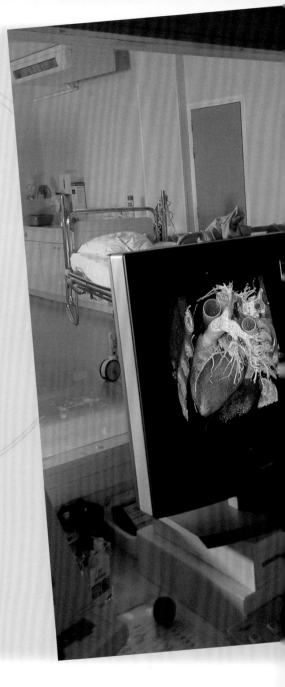

CT 检查中心

▶ 玛丽·居里是一位波兰裔科学家。因为对放射性的杰出研究，她被认为是所有放射性研究之母。

星际小问答：

设计制作了第一台太空望远镜的天文学家爱德文·哈勃发现了什么呢？

休斯顿，我有麻烦了！

"阿波罗 13 号"飞船载着吉姆·洛威尔、杰克·斯威格特和弗莱德·海斯在 1970 年 4 月 11 日 13:13 发射升空。飞行两天后，尚未到达月球，突然从无线电中叽里呱啦地传来："休斯顿，我们有麻烦了！"从那一刻起，奇遇之旅开始了，那可是真正的奇遇之旅。因为在受过专业训练之后，所有人都有进入太空的能力。可是如果一旦遇到什么麻烦，并且还是个大麻烦，而最终你还能幸运地健康平安回家，你一定会在回家后不停地跟所有人谈起这件事，也许还能编出一部电影来。

由于电气系统短路，有一个氧气罐爆炸了。需要立刻找个电工，可那是在太空里呀！登月变得可望而不可即，月亮只能被当作一个标志：飞船绕着它转，利用它的引力逆转航向并返回地球。没了氧气罐的飞船，既不能发电，也不能取暖，连供水也减少了。好在登月舱上有氧气，最重要的是，登月舱上有足以启动各个系统和所有发动机的电池，最终使之得以重返地面。

天空实验室在 1973 年的发射过程中，失去了保护它免受太阳热量影响的阳光防护罩。更严重的是，一个太阳能电池翼也受损了，而电池翼是保障一切正常运转所必需的能量来源。在随后的两次太空任务中，宇航员们不得不进行了太空漫步。一想到那个困难程度，就感觉把这称为"漫步"会让人觉得有点滑稽。宇航员们首先用一顶遮阳帆挡住阳光，然后开始进行更换维修，最后终于成功启动了已经过热的空间站。

在 1990 年，宏伟壮观的哈勃太空望远镜出现了一些视觉问题，即便对人类来说，这也是挺令人烦心的事了，而对望远镜来说，几乎是灾难性的。太空望远镜的发射阶段进行得非常顺利，一整套公交车那么大的巨型设备被带了上去。但问题是望远镜的聚焦一团糟，虽然在测试设备上显示效果良好，但实际效果并不令人满意。而且，只是因为想省下 200 万美元的费用，最终控制测试被取消了。因此，只能设计一个让宇航员去改造光学系统的特殊任务，也就是用一个特殊的镜头去修正这个缺陷，这就像给你戴上一副眼镜一样。从那以后，哈勃一直在宇宙深处静静地观察着。这次维修的费用是 6 亿美元：好家伙，这可是那个被省下来的测试费用的 300 倍啊！

　　1997 年，一艘货运飞船与和平号空间站相撞，空间站一个舱体被穿透，造成舱内剧烈减压。宇航员们立刻关闭与受损部位连接的舱门，以便拯救空间站的其余部分。虽然如此严重的重大事故再也没有发生过，但为了防患于未然，国际空间站上备有可随时应对舱体被微陨石刺穿的应急维修设备套装，看上去跟修理自行车内胎的工具差不多。

　　2001 年，宇航员在加载新操作系统的时候，国际空间站上的计算机显示"再见"后，就死机了。很快，在备份计算机上也发生了同样的事情。甚至都没有向基地发出问题报告，因为通信系统正是由计算机本身控制的。但这还不是唯一的问题：这个故障还妨碍了太阳能电池板的转向、导航状态的控制和不计其数的其他功能。宇航员们几乎花了整整 24 小时才让所有设备恢复正常！

　　厕所呢？如果厕所坏了可怎么办呀？太空上有水管工吗？ 2008 年，国际空间站厕所的吸入泵坏了。机组人员只能被迫使用联盟号飞船应急舱上的厕所，不过没过几天那里就满了……然后他们用的是所谓的阿波罗袋子，就是上面写着阿波罗的漂亮袋子。

　　终于航天飞机在下一次飞来的时候，除了捎来了许多其他东西之外，还送来了一个新的吸入泵。

超新星的爆发与新恒星的形成

又一个明星出生了

未来的宇航员们都已经出生了吗？也许是的，也许你就是其中一员！也许将要第一个踏上火星的他刚刚发出了第一声啼哭。我们必须让他茁壮成长。但是我们并不知道他是谁，也不知道他住在哪儿，所以，唯一的解决办法就是照顾好所有的新生儿，一个都不能少，这也是一个不错的选择。

为了让我们的小小宇航员在刚出生时就立刻倍感舒适，特别是如果这个急于在月球之外执行任务的小宝贝在预产期之前就跑出来的话，应用太空技术就是一个绝顶聪明的好办法。

如今，早产儿在刚出生时会被放进一个保温箱：看上去像是透明的、里面放了一张小床的大塑料箱，箱子四周有 6 个洞，以便护士们慈爱的手臂进出。

这种保温箱所用的就是与宇航员头盔相同的温湿度稳定系统：有一层导电性能良好的、具有散热功能的极薄金箔。

类似系统也被用于其他具有相似功能的设备中，比如：用于治疗严重烧伤病人的设备。

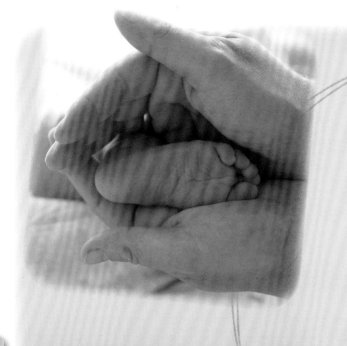

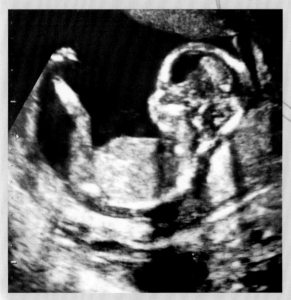

小马丁对自己在妈妈肚子里的那些日子什么都记不起来了。要不是看到了超声波照片的话，他可能会以为自己出生在一棵卷心菜下，或者就像 20 世纪的人们告诉孩子们的那样，是被一只鹳运来的。如果有一天，他发现了一个鹳蛋，会是怎样的表情呀。他一定会把它放在一个柔软的枕头上，并且用个小灯泡给它加热，直到小鹳平安降生。太棒啦，小马丁！你自己也能建造一个小保温箱啦！

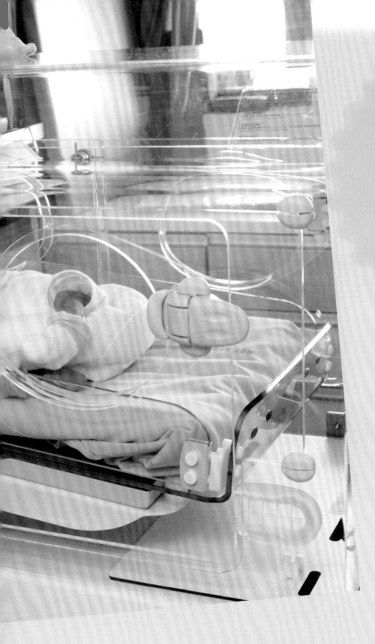

▶几年前，一个几千克重的新生儿顺顺利利地呱呱坠地，大家都很满意。

星际小问答：

宝宝待在妈妈肚子里时，那里的温度是多少呀？

驾驶月球车的宇航员

有没有看见？

全世界所有的公共汽车都在前面摆着一个非常明确的标志："请勿与司机交谈。"那个人必须全身心地去应对路况、车速、红绿灯、车站、行人、障碍物、交叉路口等，处处都要小心，所以，当然不能跟他聊天!

不过，这种情况很快就发生变化了，因为会有越来越多改善道路安全的新技术，从而使驾驶变得更容易。咱们先从极为有用的、极大地方便了驾驶操作的停车传感器说起吧。它其实是得益于空间飞行器复杂的驾驶与控制系统。

还有另外一种识别周围行人与其他车辆的车载传感器系统。它能检测到自行车的踏板，甚至能注意到每一片树叶的动静，当然在秋天就算啦……但这是另一个话题了。同样，这种传感器还可以统计高速公路各个车道上的车流量以及它们的速度，然后将所有这些数据发送到交通指挥控制中心的计算机上。迟早会有个传感器能向那些太脏的汽车发出信号，但我相信很快就会有人带着一个自动装置跑出来瞬间把车清洗干净。

最初，最大的交通问题是由雾、雨和雪等天气状况引起的，太空技术就连这一点也考虑到了：在获取卫星发送图像方面取得的多年经验，使人们能够优化不同天气以及不同时间段的数据读取。感谢电磁波的广泛使用，使我们丝毫不用担心恶劣天气的影响。

火星表面的雷达图像

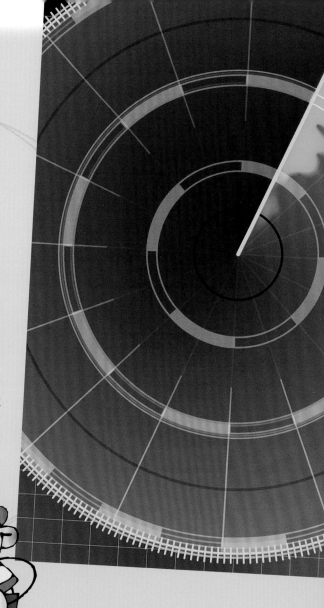

小马丁正在研究一种个性化的控制系统：当他走近家门时，大门自动打开，而且还传出"欢迎回家"的声音；早晨，书包自动装满当天上课所需的书籍，如果还能替他学习那就更理想了；睡觉前，一本书自动打开陪伴他。这个系统是如此完善，以至于这本书永远都是最适合的那本！这个系统只有一处没规划好：当小马丁急着去厕所时，不能确保里面没有人。

▶ 早在 1868 年，伦敦就安装了第一批指挥交通的红绿灯。虽然那个时候的路况不像今天这样混乱，但显然那时也已经需要一些技术上的协助了。最棒的是，即使在雨雾中，那些红绿灯也能完美地发挥作用，在伦敦这当然是不可或缺的。

星际小问答：

"雷达"这个词是什么意思呢？

从太空看到的地球

天气怎么样呀？

　　夕阳映衬下的红色天空预示第二天将会是个艳阳高照的好日子，人类很早之前就知道这个规律。无论是在任何历史时期和任何地理区域，人们都试图了解并预测天气。

　　尤其是农民，他们非常有经验。这也许是因为对他们来说，天气影响劳作和收成。有时，绝望中的人们会仰天祈祷，只为一场甘霖。

　　而现在，当你仰望天空的时候，还可以隐约看到云朵间的气象卫星，它正在监测大气，并预测未来几天的天气。你发现了吗，电视新闻多是以天气预报结尾的呢！这些预测数据不仅对农业很重要，对航空运输，甚至对体育比赛都是极为有用的。如今要想了解气候变化、荒漠化、臭名昭著的臭氧空洞，以及热带风暴的路径等信息，只需在手机或电脑上轻轻点击一下就可以啦。

英国上空风暴的卫星图像

环绕地球轨道的卫星

火星因它的"红头发"而得名，被称为红色星球。对小马丁来说，每当黄昏来临，天空泛红的时候，就是一天中最美丽的时刻。每当小马丁看到傍晚的红色天空，他不仅会想到好天气，而且还会想着很多其他美事呢！就算搞不好下了雨，那也是不错的呀。

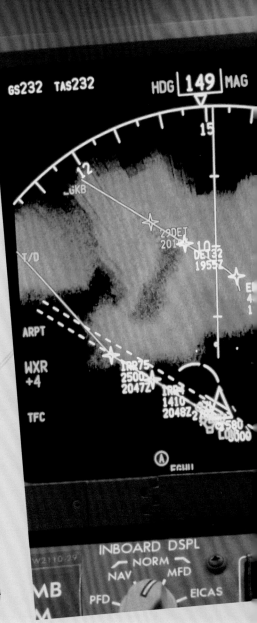

飞机上的气象雷达

▶ 雨伞的妙处是：总能在需要的时候保护你，雨天挡雨，晴天遮阳，无所谓天气好坏，那根本不重要。

星际小问答：

"等压线"是什么呀？

飞行中的波音 777

飞起来，动起来！

在太空的开放空间遨游与从一个机场飞到另一个机场可绝不是一回事。在冲出地球大气层之后，空气稀薄，飞船不再受到气流影响，于是飞行变得流畅而安静，甚至耳边再也听不到发动机的噪声了——因为一旦进入轨道，发动机就会被关闭。太空中没有地球上可以令一切停止的空气阻力，于是，飞船无需进一步的推动力就可以毫不减速地继续航行。

航天研究一直是航空界极为关注的。今天，在我们头顶飞过的很多飞机的部件都是来自航天发展。比如，与洲际航线上其他公司的 4 台发动机相比，体形庞大的波音 777 只有 2 台发动机：在一对机翼下安装了 2 台前所未有的超大涡轮机。2 台发动机不仅仅意味着省油，而且还会大大降低噪声！

此外，还有耐超高温陶瓷材料涂层，这是为航天飞机重返大气层提供保护而开发的，可抵御由外部摩擦导致的几千摄氏度高温。

还有一种飞行制导系统——在 20 世纪 60 年代为"阿波罗计划"设计的，如今已经应用在各条航线的飞机上。该系统可确保飞行员通过移动手柄所发出的指令在对机翼或其他功能产生影响之前，先由计算机进行检查，以纠正任何可能出现的错误。也就是说，总是由计算机来决定如何改变空气动力学表面，甚至是发动机动力。所有这些都只需要轻松按压操纵杆即可：这又是一个源于太空探索的有用装置。

驾驶舱

波音 777 飞机的涡轮

和几个世纪前的孟乔森男爵一样，小马丁也总是梦想着能骑炮弹飞行。他将像其他人一样登上飞机，不过为了能听到风的声音，这应该是一架没有发动机的飞机。滑翔机是他的首选，特别是当他发现这 30 年来，进入太空的航天飞机都是在降落时关闭发动机轻轻滑行进入轨道的。多棒的梦想啊！

航天飞机驾驶舱中的计算机和操纵杆

▶ 在 20 世纪初，威尔伯·莱特和奥维尔·莱特两兄弟率先成功升空并稳定飞行，那是一架可载有一名飞行员的动力双翼机。这架飞机被称为飞行者号，是历史上的第一架飞机。

星际小问答：

那个可以从月球表面升起到达服务舱，然后再返回地球的登月舱有多少个发动机呢？

"东方1号"飞船上的宇航员尤里·加加林

有一位宇航员在花园里

1961 年 4 月 12 日上午，当尤里·加加林被送入太空的时候，没有通知任何人，甚至也没有告知他的妻子瓦伦蒂娜，她那时正待在家里做家务呢。

从那以后，宇航员的头盔成了一种未来的象征，并且有着一种近乎神奇的魔力，只要戴着它就可以尽情想象自己在太空中遨游。载人飞船太贵了，那只适合少数幸运的人。

我不知道是不是想让每件物品都保持魔力，即使是在今天，那些用于进入太空轨道的宇航服所用材料的每一个最细小的部分都经过技术上的仔细研究。而警察和消防员的制服也得以从中受益，甚至游泳、跑步、跳高或者其他你喜欢的运动的运动服，似乎都像是来自未来的那个样子。

"阿波罗"号的登月技术已经用于生产可配备多个无线通信系统的轻型防辐射的宽视野防火面具。如果一个来自某个不知名的小村庄的警察遇到一个穿成那样的消防员，天知道他是否还有勇气索要证件呀。

贝裴是小马丁的朋友，为了不窃取小马丁想成为一名宇航员的梦想，他决定长大后去当一名消防员。他只需要一些橙色油漆就行了，因为其余的那些，他已经都有啦：小马丁的宇航服（可以涂成橙色）、小马丁的宇航头盔（可以涂成橙色）、小马丁的宇航氧气瓶（可以涂成橙色）。

现代潜水员的装备

星际小问答：

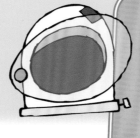

为保护眼睛不受太阳光的伤害，宇航员头盔面罩上涂有一层非常薄的金属：到底是哪种金属呢？

宇航员进行太空行走

小袋子里有个暖气片

你可以试试，先在零下 80 摄氏度的环境中散散步，然后，再在 80 摄氏度的环境中走一走。最后，可以跟你的朋友们聊聊那是怎么样的一种感觉——在零下 80 摄氏度和零上 80 摄氏度之间转换时不允许更换外套或袜子。我不知道，在这种情况下，你是不是还愿意聊聊呢。

然而，太空行走的宇航员们，在飞船或空间站外进行操作的过程中，他们要面对的正是如此：在阳面，温度比撒哈拉沙漠还要高；而在阴面，温度比北极还要低。这就是他们要穿上那种臃肿庞大的白色宇航服的原因，虽然这让他们看起来像是空中堆出的雪人。在宇航服的袖子、裤子的面料里，在纽扣和拉链之间，有一个热力系统，它可以在寒冷的时候加热，在炎热的时候制冷。因此，不需要防晒霜或可可脂，也能保持宇航员的身体处在适宜的温度之中。

这些材料有助于保温、减震和排汗，可以给宇航员提供尽可能好的生存条件，甚至比在地球上更令人愉悦。这项航天技术不仅可以用于最普通的衣服，比如用这种技术生产的面料制作风衣，而且尤为适合专业极限领域人员的服装：比如需要深入海底的潜水员、造船厂的工人、核设施的技术人员，甚至是赛车手。

水星计划 7 人

　　比方说，相变材料——可以根据温度变化从液态变换到固态，并且能够根据条件释放或吸收热量。太棒啦！在体力活动中，传统的衣服会锁住热量而使身体出汗，而这些嵌入纤维面料的新材料则可以吸收多余的热量而减少内部水分。同样，在寒冷的环境或滑雪比赛中，它们会释放积聚的热量并使身体温暖起来。这种可冷却与散热的面料对患有排汗功能障碍的病人也非常有用。此外，太空行走服中还含有铝箔，就像那种在厨房包鸡肉用的铝箔，把它们粘在非常薄的丙烯层上，于是就形成了一道防热防寒防辐射的屏障。

　　同样的技术也用于供徒步旅行者或事故受害者使用的应急毯上，可不仅仅是用在鸡肉上呀！

小马丁不知道自己是不是会去北极或南极，那里有他从未经历过的寒冷；也不知道他是不是会去撒哈拉沙漠或死亡谷，那里有他难以忍受的炎热。总之，他要时刻准备好执行这些任务的服装，并酌情加上一个炉子或一台冰箱。当然啦，如果他要进入太空的话，那就简单多啦，一件夹克也就够了。你们都知道啦，地球上的一切总是会更复杂些。

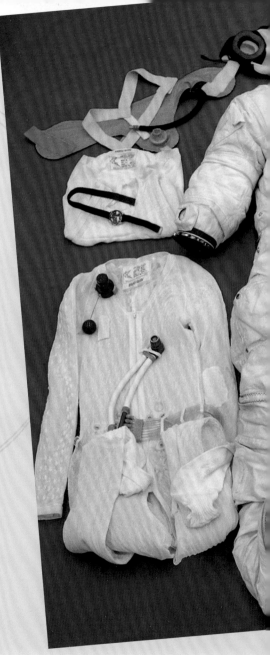

月球服

▶ 1928 年，意大利号飞艇飞越北极，但随后在冰上坠毁。只有部分成员幸存了下来，但如果那时飞艇上有太空加热毯的话，也许其他人也能幸免于难。

ITALIA

星际小问答：

"聚四氟乙烯"是做什么用的呢？

天上地下

太空飞行也推动了地球加速进步,那些挖空心思想出来的用于探索太空的发明也总是能在地球上得到完美的推广利用。不过,人类取得的进展也并不是都来自美国休斯顿航天城。

例如,1957 年,当斯普特尼克成为历史上第一颗人造卫星,莱卡成为第一只太空狗时,几个欧洲国家(比利时、法国、德国、意大利、卢森堡和荷兰)在罗马签署了一项协议——这是建立欧盟至关重要的第一步,这可不是件小事!而在意大利街头开始随处可见那神话般的新型菲亚特 500。

1961 年,尤里·加加林成为首位在太空中绕地球飞行的人,约翰·肯尼迪总统向全世界宣布了"阿波罗"计划,歌手鲍勃·迪伦在纽约开始了他那不可思议的职业生涯,而在利物浦的一家俱乐部里,甲壳虫乐队举行了他们的第一场音乐会。此外,世界自然基金会也在爱好和平的瑞士成立了。

1963 年,瓦伦蒂娜·特列斯科娃成为第一位太空女性。而地球上,恶魔岛那可怕的监狱被关闭了,马丁·路德·金向世界高喊出那句被载入史册的话:"I have a dream(我有一个梦想)!"在冰岛海岸附近水域的那次火山喷发形成了苏特西岛,而肯尼亚成为了一个独立的国家。

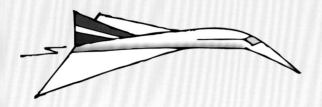

　　1965 年，阿列克谢·列昂诺夫幸运地成为太空行走第一人。地球上，新加坡独立了；加拿大选择了枫叶作为象征，并把枫叶画在了国旗上；贯通法国和意大利的白山隧道落成了。

　　1969 年是人类登上月球的一年：一个值得载入史册的里程碑。1969 年是举办令人神往的伍德斯托克音乐节的一年——为期 3 天的音乐节令 50 万青少年欢天喜地，也是互联网的前身——阿帕网诞生的一年，并且还是意大利的唐老鸭首次出现的一年。

　　1975 年，"阿波罗—联盟"测试计划的实施是苏联和美国第一次展开合作而并非对抗，可以说，这是向世界和平迈出的一大步。同年，法拉利在蒙特卡洛获胜，超音速协和式飞机成为从巴黎飞往纽约的首架客机。而在马德里，胡安·卡洛斯成为国王，从此，民主回归西班牙。

　　1981 年，第一架航天飞机起飞；法国废除了死刑；在伦敦，查尔斯和戴安娜结婚，成为众多"世纪婚礼"之一。但最重要的是：个人电脑诞生了，那是在所有办公桌上都能摆上一台的电脑。不错吧？

　　我们要时刻保持警惕，去抓住下一个新潮流！

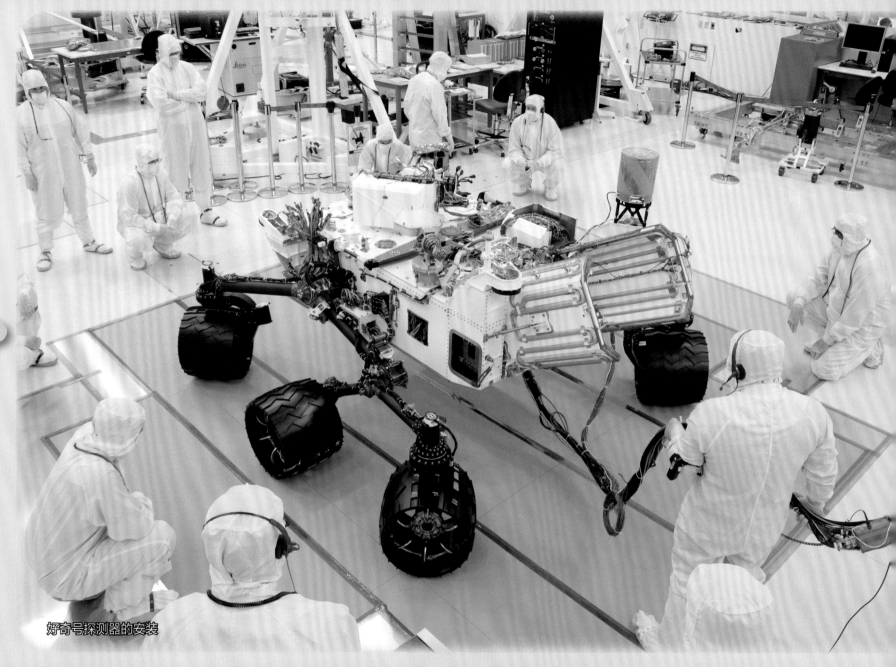

好奇号探测器的安装

向宇宙深处探寻

　　"旅行者号"是第一颗深空探测器，用于太空中人类难以到达的那些地方：比如太阳系外围，比如星际空间——也就是天体与天体之间的空间。"旅行者号"还带上了一些地球文明的例证，比如鲸鱼唱歌或孩子哭泣的声音，以及很多人类掌握的科学知识的照片和信息。

　　但这是 1977 年的事，那个时候，还没有说唱音乐，没有手机，没有 LED 电视。继"旅行者号"之后，又有几十颗探测器被发射升空。有些是真正的机器人，比如登陆土卫六（土星的一颗卫星）的机器人，又比如在火星上行走的"好奇号"。

　　即便是在地球上，也有许多不太适宜或难以到达的地方，例如：大规模火灾、台风眼、人体器官，或有待拆除的爆炸装置。于是，在这些情况下，本来用于宇宙探索的机器人，就能以消防员、气象学家、显微外科医生、吸尘器，甚至是工程兵等适当的角色出现并采取相应的行动。

　　世界上大约有 1 亿颗被遗忘的地雷遍布于 70 多个国家，它们每年导致成千上万人残疾或死亡。在这些雷区，机器人可以搜索地面并探测未爆弹药。一旦探测出来，就可以使用一种本来用于宇宙飞船发射的胶质燃料将其中和掉。你可能会说，这样精细而危险的操作只能交给机器人去做吧。但事实上并非如此，这都是由血肉之躯的工程兵处理的！

从事显微外科手术的机器人

技工机器人

有时候，小马丁就好像是一个机器人：7:00 起床，7:04 冲到莲蓬头下淋浴，7:12 吃早饭，7:16 刷牙，7:18 穿袜子，7:22 吻别妈妈，7:31 跳上公共汽车……而实际上却是在 7:41，因为公共汽车晚点了——7:56 到学校。无论阴天下雨还是阳光明媚，每天都是这样。其实只有他手腕上的手表是唯一参与这一切的自动装置。

机器人宇航员原型

▶ R2-D2（右）和 C-3PO（左）是两个非常可爱的机器人，而且是电影明星，就是那部著名电影《星球大战》的主角。现在，那样的机器人已经不再生产了。

星际小问答：

"Robot" 这个词是什么意思？

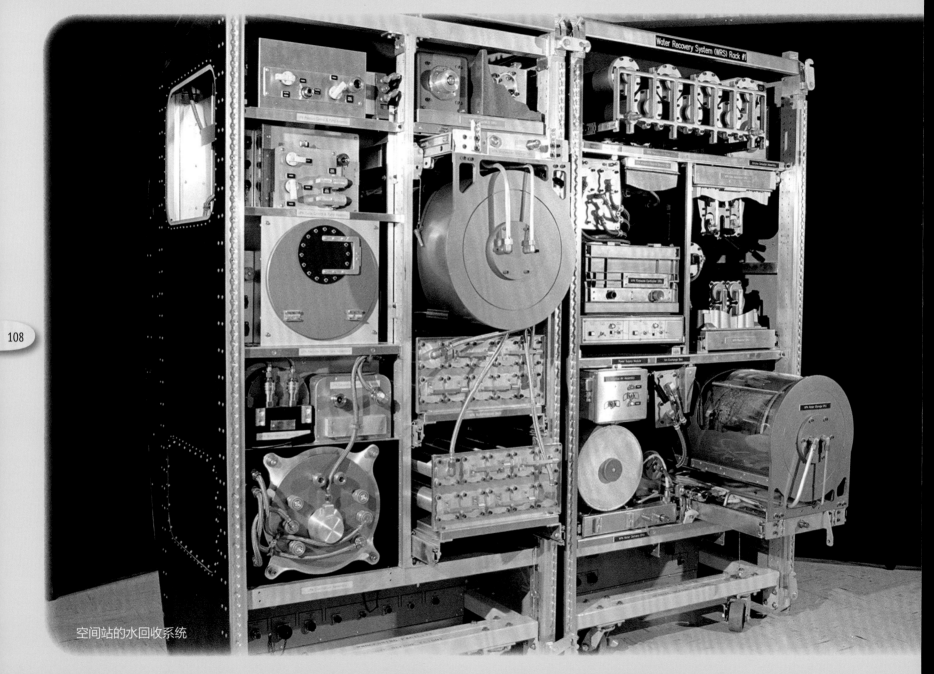

空间站的水回收系统

喝上一口氢吧

这可能听上去有点儿奇怪：当一艘宇宙飞船要去执行任务时，宇航员们会带上食物、空气，还有女朋友的照片，却连一滴水也不会带。他们六七个人可是要在那里待上两个星期呢！那他们喝什么？他们怎么洗漱呢？诀窍就在飞船中实现所有功能所必需的能源供应系统上，这可不是一般的发动机：在飞船上有 3 台被称为燃料电池的发电机，每块电池可产生的能量是家用电池的 3 倍。它们可以吸收氢气和氧气，然后发生化学反应。你现在也一定知道氢和氧是构成水的元素吧。那你就能知道，在恒定温度下发生的这个化学反应可以产生能量，并且所产生的废物只是以蒸汽形式存在的水，经冷却后可变成液态水。也许口味不是最好，但水还是水。每小时可产出 10 升，甚至连一点儿噪声都没有。

这项技术是在 20 世纪 60 年代为航天器开发的，在地球上也得到了应用，毕竟在这里直接从空气中就可以得到氧气啦。只要有充足的氢气，我们就有办法为未来的发动机提供电动、清洁、安静的燃料。目前唯一的问题是成本，对任何人来说都有点儿高了。但在未来，为了我们和我们星球的幸福，成本注定会下降。

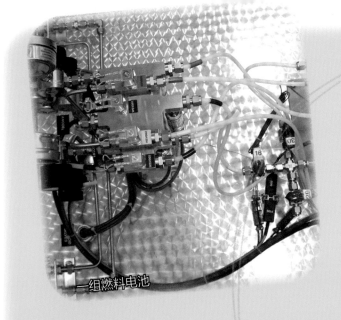

一组燃料电池

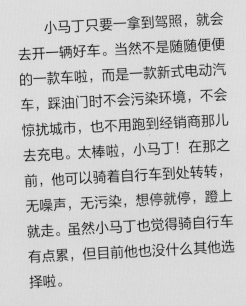

小马丁只要一拿到驾照，就会去开一辆好车。当然不是随随便便的一款车啦，而是一款新式电动汽车，踩油门时不会污染环境，不会惊扰城市，也不用跑到经销商那儿去充电。太棒啦，小马丁！在那之前，他可以骑着自行车到处转转，无噪声，无污染，想停就停，蹬上就走。虽然小马丁也觉得骑自行车有点累，但目前他也没什么其他选择啦。

产生清洁能源的太阳能电池板

第一颗由太阳能电池板供应能源的卫星

▶距亚历山德罗·伏特（Alessandro Volta）发明电池已经过去很久啦。不知道他会怎么看待今天各种各样的电池呢？

星际小问答：

第一辆电动汽车是在哪一年设计的？

火星表面

征程：星辰大海

　　燃烧必须有氧气，可为什么太阳即使没有氧气，也依旧会燃烧？那是因为太阳燃烧发生的化学反应是通过核反应产生能量和热量，这与壁炉里的火苗可是大不一样的。太阳上的气体被极大的自身引力压缩，其温度达到了数百万摄氏度。例如：在地球上，当你给自行车的轮胎充气时，你其实是在压缩打气筒里的空气。类似这样运动持续下去就会使阀门升温，甚至可以燃烧。

　　构成恒星的主要元素——氢，在这种条件下形成一个等离子体，氢原子核聚变每秒钟可以转化为约 4 亿吨氦原子核。这种核聚变反应释放出大量的以光子、紫外线、X 射线和其他辐射形式存在的能量。一小部分光子到达我们的地球：就是太阳的光和热。

　　那么，为什么我们不在地球上让这种类似情况重现呢？那样的话，我们就将会拥有所有我们需要的能源！我们可以从海洋中提取氢，但是，怎么才能达到那么高的温度呢？如何聚变原子核呢？办法就是用强大磁场使等离子体加速，然后，让它从反应堆的一端出来，从而产生推力，于是未来的发动机就出现啦。开始的时候，这种发动机所产生的推力不会像化学推进剂那么大，但它可以在数周或数月内不停地工作，随着时间的推移，可以达到令人难以置信的速度。

　　这就是正在规划与设计之中的磁等离子体动力发动机：全功率可变比冲的磁等离子体火箭，将来可以在几周内就把人类带到火星上，而目前则需要 9 个月。在登上火星之后呢？也许它也能用在未来的汽车上呢！谁知道呢！

最先进火箭的发动机

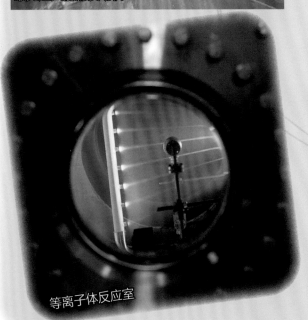
等离子体反应室

小马丁是肯定要去火星的。可以说，他已经不知道在想象中去了多少次啦。在想象中，你可以登上一艘将带你去任何你想去的地方的飞船，甚至都不需要你买票。在想象中，不需要磁等离子体发动机就能飞行。但是将磁等离子体、镅－241. 雷达、等压线、聚四氟乙烯、机器人和光子加在一起，就能引爆世界上所有的想象。也许最终某个科学家会致力于此，早晚有一天，想象将会变成现实。

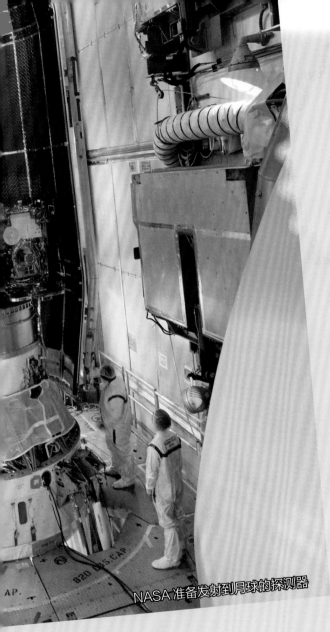
NASA 准备发射到月球的探测器

▶ 1961 年 5 月 25 日，美国总统约翰·肯尼迪向全国和全世界发表讲话，宣布到 20 世纪 60 年代末，"阿波罗"计划将带领人类登上月球。预言就这样被实现了。

星际小问答：

把"阿波罗 11 号"送上月球的"土星 5 号"使用哪种燃料呢？

将完成太空任务的宇航员带回地球的联盟号飞船着陆

妈妈，快把意大利面下锅吧！

我们就要返回基地啦。

眼睛还算机灵地搜寻着，耳朵还算机警地竖起着，

可鼻子塌得像个大土豆了……

好吧，看上去，每个人还都挺得住。

但说到土豆，晚餐吃什么呀？

妈妈，快把意大利面下锅吧！

我们又渴又饿。

我们渴望知识，

但我们也饿坏啦！

用餐愉快！

第 11 页：1610 年 1 月 7 日，伽利略发现了木星的卫星。

第 15 页：尤里·加加林仅用了 1 小时 48 分钟就绕着地球飞行了整整一周。

第 21 页：在太空中，因为是在失重的状态下，水滴的形状比以往任何时候都更圆。而在地球上，正是因为重力的原因，才把水滴拉长了。

第 25 页：第一把瑞士军刀只有 4 种功能：小刀、螺丝刀、开瓶器和指针。今天有些型号的瑞士军刀可以有十几种功能。

第 29 页：镭 - 241 是比铀重的元素。铀（Uranium）的命名是为了庆祝 1781 年发现天王星（Uranus）。

第 33 页：37 摄氏度正好相当于 98.6 华氏度。

第 37 页：在太空里不打鼾很容易做到。在地球上容易打鼾是因为舌头慢慢往上翘，往上翘，然后掉下来了，就打鼾了。在太空轨道上，像其他所有东西一样，舌头根本不会掉下来，因此就不会发出任何噪声了。

第 41 页：刷牙后，用吸管喝水漱口，然后把它吐到一块布上，或者一滴不漏地吞下去。

第 45 页：阿姆斯特朗穿的鞋子，相当于 44 码。

第 51 页：起初，汽车轮胎是白色的，那是很久很久以前了。只用橡胶做的，很不耐用，而且极易打滑。所以，为了使其更加稳定可靠，就加入了碳。从那时起轮胎就变成黑色的了。当然，也会有一些彩色轮胎，但很少。

第 55 页：毫无疑问，戴眼镜的人当然也能当宇航员。只要戴上有框眼镜或隐形眼镜后，视

力能达到 1.0 就好。

第 59 页：这个足球被称为 Telstar——"电视之星"，是为了纪念 1962 年发射的卫星 Telstar——第一颗被用来进行电视转播的卫星。看上去，它也是圆形的、浅色的，上面的黑色斑点是产生能源的太阳能电池板。

第 65 页：太空中所使用的叉子、勺子和刀也是不锈钢的，和我们用的一样。但它们有磁性，而家里用的却没有，并且重量轻：一把叉子 30 克，一把勺子 34 克，一把刀子 45 克。

第 69 页：第一台太空计算机的直径为 19 英寸（约 48 厘米）。

第 73 页：宇宙膨胀理论天文学家哈勃发现星系正在相互远离。唯一的解释是，我们这个宇宙——最初产生于一次大爆炸——正在像个气

球似的膨胀。而以前，人们认为宇宙是永远在那里静止不变的。

第 79 页：妈妈的肚子里大约是 37 摄氏度，就像耳朵里和人体任何其他部位一样（当然，如果我们没有发烧的话）。

第 83 页：雷达（Radar）是无线电探测和测距（Radio Detection And Ranging）的字母缩写而来的，基本上就是无线电探测和跟踪系统的意思。

第 87 页：等压线是一种画在地图上的线，所连接的是气压相等的点。沿着等压线，可以找到晴天区或风暴区，在气象学术语中称为反气旋和气旋，可以帮助你决定外出时是不是应该带上一把伞。

第 91 页：登月舱（LEM）只有一个发动机，用于从月球表面上升到服务舱所在轨道。服务舱也只有一个用于进出月球轨道的发动机。

第 95 页：可以保护宇航员视力的那层极薄金属是非常贵的黄金。

第 101 页：聚四氟乙烯，又称 PTFE，是一种耐高温的光滑塑料材料。可用于不粘锅，也可用于防水透气的风衣内。

第 107 页："Robot"（机器人）是一个已经在世界各地广泛使用多年的捷克语词汇。它的字面意思是"艰苦的工作"：正是那些我们想让机器人做的工作呀。

第 111 页：电动汽车不是一个新概念。第一辆电动汽车甚至可以追溯到 19 世纪 30 年代，并且在 1899 年就已经开发出了一款时速超过 100 公里的车型。

第 115 页："土星 5 号"是一枚三级火箭，每级都有自己的发动机。第一级发动机用煤油，与飞机用的相同。而第二级和第三级发动机则是使用氢燃料——室温下是气态的，但如果冷却到零下 250 摄氏度就会变成液体。这类燃料被称为低温燃料，也就是温度非常低的燃料。除了燃料外，"土星 5 号"的三级发动机还需要氧气助燃，而氧气也是以液态形式运输的。

小词典

天空

天空是蓝色的，晴天的时候最接近天空的本色。不过，我们所有人都知道，天空并不总是蓝色的：黎明时分的天空是粉红色的，太阳下山时则是橙色的；日落后是蓝色的，而夜晚则是黑色的；下雨时是灰色的，下雪时则是灰白色的。要是说到太空中的颜色，又不是这样了：太阳是黄色的，火星是红色的……在太空中我们可以找到各种颜色。

离心力

离心力就是使月球、人造卫星，以及国际空间站得以抵御地心引力的力。在引力和离心力的平衡作用下，任何物体都得以在太空中飘浮。在我们的厨房里，榨汁机是一种用来制作美味果汁的小家电。虽然旋转速度也很快，但还不足以穿越太空。

重力

在地球上被称为重力的力，就是任何物体都会受到的地心引力，是艾萨克·牛顿于 17 世纪末发现的。但在意大利语中，"重力"这个词也有"严重程度"的意思，可以用来形容一种疾病或事故的情况有多坏：如果你被一个从三楼掉落的花瓶砸中的话，巧的是，那个"严重程度"也取决于"它的重力"呢！

轨道

指天体绕着另一个天体运行的轨迹。月球绕着地球转。地球、木星、土星、金星、火星、水星等绕着太阳转；而太阳则绕着银河系的中心转。而一个年轻的球员可以绕着伟大的球队转，去仔细观察和评估自己是否有成为其中的一员的潜质。

卫星

卫星是一种天体，它与恒星不同，它绕着行星转。月球是地球唯一的一颗天然卫星，我们已经发射了大量的人造卫星到地球周围。

恒星

恒星是像太阳一样自己可以发光的天体。而行星或卫星与恒星不同，它们只能反射光。地球上，我们有电影明星、体育明星和摇滚明星。有些人是真正的超级明星，之所以这么称呼他们，是因为他们的艺术给我们的世界带来了光明。

翁贝托·古意多尼

1954年夏天在意大利罗马出生。当他还是个孩子的时候，他就对天空充满了好奇与热情。16岁时他买了第一台望远镜，并决定学习天体物理。长大后，他成为一名宇航员，曾两次被NASA（美国国家航空航天局）选中去执行太空任务：一次是1996年的"哥伦比亚号"航天飞机，另一次是2001年的"奋进号"航天飞机，那时他是进入国际空间站的第一位欧洲人。现在，翁贝托倾尽全力地向大人和孩子们讲述宇宙中的那些故事。

安德里亚·瓦伦特

1968年生于意大利梅拉诺。小时候，他并不想成为一名宇航员，因为他已经有了自己的梦想。从少年时代起，他就开始写作、绘画，并赋予了他笔下最著名的形象——黑核桃树以生命。现在，中年的他热衷于津津有味地讲故事。他和他的宇航员朋友翁贝托·古意多尼已经一起合作写了两本关于太空的书：《火星上的小马丁》和《宇宙之书》。2011年，他获得了安徒生最佳作家奖。

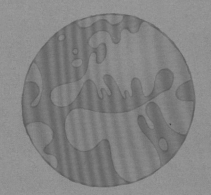